奇趣动物联盟

U0156861

超级动物
旅行家

斯塔熊文化　编绘

石油工业出版社

图书在版编目（CIP）数据

奇趣动物联盟．超级动物旅行家 / 斯塔熊文化编
绘．-- 北京：石油工业出版社，2020.10
ISBN 978-7-5183-4122-1

Ⅰ．①奇… Ⅱ．①斯… Ⅲ．①动物—青少年读物
Ⅳ．① Q95-49

中国版本图书馆 CIP 数据核字 (2020) 第 159109 号

奇趣动物联盟

超级动物旅行家

斯塔熊文化　编绘

选题策划：马　骁
策划支持：斯塔熊文化
责任编辑：马　骁
责任校对：刘晓雪

出版发行：石油工业出版社
　　　　　（北京安定门外安华里 2 区 1 号楼 100011）
网　　址：www.petropub.com
编 辑 部：（010）64523607　　　图书营销中心：（010）64523633
经　　销：全国新华书店
印　　刷：北京中石油彩色印刷有限责任公司

2020 年 10 月第 1 版　2020 年 10 月第 1 次印刷
889 毫米 ×1194 毫米　开本：1/16　印张：3.75
字数：50 千字

定价：48.00 元
（如发现印装质量问题，我社图书营销中心负责调换）

欢迎来到我的世界

嗨！亲爱的小读者，很幸运与你见面！我是一个奇趣动物迷，你是不是跟我有一样的爱好呢？让我先来抛出几个问题"轰炸"你：

你想不想养只恐龙做宠物？

"超级旅行家"们想要顺利抵达目的地，要经历怎样的九死一生？

数亿年前的动物过着什么样的生活？

动物们怎样交朋友、聊八卦？

动物界的建筑师们有哪些独家技艺？

动物宝宝怎样从小不点儿长成大块头？

想不想搞定上面这些问题？我告诉你一个最简单的办法——打开你面前的这套书！这可不是一套普通的动物书，这套书里有：

令人称奇的恐龙饲养说明。

不可思议的迁徙档案解密。

远古生物诞生演化的奥秘。

表达喜怒哀乐的动物语言。

高超绝伦的动物建筑绝技。

萌态十足的动物成长记录。

童真的视角、全面的内容、权威的知识、趣味的图片……为你全面呈现。当你认真地读完这套书，你会拥有下面几个新身份：

恐龙高级饲养师。

迁徙动物指导师。

远古生物鉴定师。

动物情绪咨询师。

动物建筑设计师。

萌宝最佳照料师。

到时，我们会为你颁发"荣誉身份卡"，是不是超级期待？那就快快走进异彩纷呈的动物世界，一起探索奇趣动物王国的奥秘吧！

世界这么大，
我也想去看看。

关于迁徙的那些事儿

迁徙是什么？

在我们生活的美丽地球上，每时每刻都有数以万计的动物处在运动之中。从超强的繁殖者欧旅鼠到巨大的座头鲸，众多的动物在陆地、水域和空中进行着或长或短的迁徙。

那么什么是迁徙呢？迁徙指的是从一个地区迁移到另外一个地区，迁徙的地方是确定的，而且这一切通常发生在固定的季节或时间，每次迁徙时所经过的线路也基本都是固定的。

为什么要迁徙？

动物的生活环境是瞬息万变的，它们有可能突然面临缺乏食物、极端天气、缺少水源、缺少配偶等问题，也可能没有安全的地方产崽、产卵或抚育幼崽，受到捕食者或寄生类昆虫的威胁。那它们应该怎么做呢？是的，它们的选择就是迁徙。

迁徙前的准备

在出发前，迁徙动物就要开始做准备了。它们通常会吃非常多的食物，以便增加脂肪的储存，在迁徙时可以获得足够的能量。黑脉金斑蝶、驯鹿和须鲸等许多动物都会这样做。动物这样"暴食"可以使它们的体重增加30%，鲸类有时可以增加到正常体重的2倍。

降低迁徙危险

迁徙是一种生存的途径，迁徙动物有很多方法可以降低危险。为了避免在途中遭遇天敌的捕食，迁徙动物通常会结成大群，或者在每天的固定时间迁徙。如果能借助风或者洋流等环境的外力，或者找到合适的节奏，它们就会省力很多。虽然它们的迁徙速度不同，但是它们都会根据自己的力量、耐性、脂肪储存量和迁徙距离等因素制订一张"迁徙时间表"，来进行迁徙。

糟糕，迷路了

有时候，迁徙动物也会迷路，它们甚至会朝着完全错误的目的地前行。一般来说，年龄大而且有经验的迁徙动物更有可能知道这些困难，迷路的迁徙动物绝大部分是第一次参与迁徙的，它们还没有完全长大。

刚出生的小海龟就是很典型的例子。它们看到海滩上的灯光，以为是海面反射的月光，就会一直向着内陆爬，最终可能死在路上。

间断性迁徙

在迁徙的过程中，动物们可以停下来休息，并且补充能量，这种迁徙模式叫间断性迁徙。对大多数鸟类来说，在路上找到一株带有浆果的灌木，就能获得至关重要的能量。蝙蝠会在合适的地方多次停留，蝴蝶和蛾类会在树上或者建筑物上停留过夜。如果遇到坏天气，它们会等到天气好转后再继续下一段旅程。

我是迁徙明星

所有的迁徙动物都有高超的本领，它们有的能长距离迁徙，有的能飞得很高，有的不怕寒冷，这一切都是为了一个共同的目的——生存。

蓝鲸

我是最大的迁徙者——蓝鲸，我的体长最大可达 30 多米，是动物世界中当之无愧的巨无霸和大力士。

斑尾塍(chéng)鹬(yù)

我是不间断飞行最远的迁徙者——斑尾塍鹬。我能在不进食也不休息的状态下连续飞行 9 天，能从美国阿拉斯加一直飞到新西兰。悄悄告诉你：我在飞行过程中，可以"关闭"一侧大脑睡觉哦！

北极燕鸥

我是迁徙距离最远的迁徙者——北极燕鸥。每年，我都会从北极飞往南极，在那里度过南半球的夏季，然后又飞回北极，在这里度过北半球的夏季。这有什么好处呢？我可以比其他生物享受更多的阳光啊！

座头鲸

我是哺乳动物中迁徙距离最远的迁徙者——座头鲸。我总是从热带海域迁徙到食物丰富的极地海域，然后再返回热带海域。

驯鹿

我是步行迁徙距离最远的迁徙者——驯鹿，最长可达 6000 千米。

黑脉金斑蝶

我是昆虫中迁徙距离最远的迁徙者——黑脉金斑蝶。我们家族总是在加拿大和墨西哥之间来回迁徙。

斑头雁

我是飞行高度最高的迁徙者——斑头雁，可以轻松飞到 10000 米的高空。

蜂鸟

我是最小的迁徙者——蜂鸟。虽然我只有一个硬币那么重，可却能从美国阿拉斯加南部飞到墨西哥中部。

我们可以做什么?

由于人类的破坏和污染，地球上濒临灭绝生物的比例正在以惊人的速度增长。保护环境，爱护动物，让我们从现在做起。

陆上迁徙

戴氏盘羊

黄羊

非洲象

角马

美洲野牛

欧旅鼠

红胁束带蛇

帝企鹅

驯鹿

北极熊

圣诞岛红蟹

加拉帕戈斯陆鬣蜥

大蟾蜍

自远古以来，世界上的陆生动物就有迁徙的行为，它们艰难跋涉，穿过危机四伏的沼泽、炙热的沙漠、布满险峻岩石的高山，甚至是危险重重的活火山，才能到达安全的目的地。

空中迁徙

最著名的空中旅行者非鸟类莫属，大约有一半的鸟类会进行有规律的迁徙。有些鸟类的迁徙距离只有若干千米，如沿着高山上下垂直迁徙；有的鸟类则环绕着地球飞行；还有一些鸟类没有固定的迁徙路线，只是四处扩散。

雪雁

白颊林莺

家燕

巴西犬吻蝠

短尾鹱

黄毛果蝠

碧伟蜓

小天鹅

白鹳

北极燕鸥

美洲鹤

红喉北蜂鸟

欧柳莺

沙漠蝗虫

红腹滨鹬

水中迁徙

南美企鹅

在海洋和河流中，迁徙动物们的数量十分惊人，各种主要的动物类群几乎全部包括在内。它们拥有不同寻常的耐力和导航能力，年复一年、一代接一代地完成迁徙的壮举。

南露脊鲸

鲸鲨

灰鲸

北方蓝鳍金枪鱼

红大马哈鱼

南极磷虾

欧洲鳗鲡

海象

座头鲸

大青鲨

巨型乌贼

绿海龟

肯氏龟

眼斑龙虾

黑脉金斑蝶

黑脉金斑蝶是一种非常漂亮的蝴蝶，以其壮观的长距离年度迁徙而闻名。每年都有超过 1 亿只的黑脉金斑蝶组成超级大群飞到加利福尼亚和墨西哥的松林中过冬，因为它们经受不住加拿大和美国北部、中部寒冷的冬季。等春天来了，它们会再次飞往北方，开始新的旅行。

出发啦!

黑脉金斑蝶的分布范围很广，但迁徙种群只有两个，一个位于北美洲西部，另一个位于北美洲东部。每年 3 月，随着气温升高，黑脉金斑蝶最喜欢的食物马利筋就会从南向北逐渐复苏、盛开，大批的黑脉金斑蝶便一路追逐马利筋，开始一轮大迁徙。

迁徙中的危险

黑脉金斑蝶的迁徙旅途并不是那么美好，它们很可能会成为许多捕食者的美味点心，比如蜘蛛、螳螂、黄鹂、蜡嘴鸟等。除此以外，它们还要面对低温、风雨的考验。稍有不慎，它们就会丢掉性命。

食毒防身

黑脉金斑蝶有一套独特的自我保护方式，那就是食毒防身。黑脉金斑蝶的幼虫吃下马利筋（含有毒素）后，其皮肤也会含有毒素，因此许多捕食者就算抓到它们，也不敢下嘴了。不过，一物降一物，有的捕食者却有办法只吃它们的血肉而不吃皮肤，比如蜘蛛。

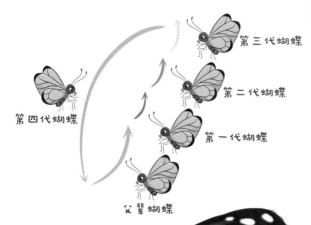

数代蝴蝶的大业

黑脉金斑蝶每年的迁徙大业都是由好几代蝴蝶接力完成的。第一代蝴蝶在南方孵化后，就开始往北飞，飞不动了就停下来产卵，然后死去。第二代蝴蝶出生后，又会继续向北飞。直到第三代或第四代蝴蝶，它们才能抵达加拿大或者美国东北部的目的地。

超级世代

在夏天快要结束的时候，一批"超级世代"黑脉金斑蝶就孵化出来了。这一代蝴蝶比前几代都要长寿，可以活6～9个月。天气变凉以后，它们就会沿着迁徙路线，一路飞回到南方的出发地，并在那里度过冬天。

精准导航

黑脉金斑蝶是依靠动物本能来决定方向的。科学家认为，阳光可能会为它们提示迁徙的时间和方向。另外，有证据表明，黑脉金斑蝶还能利用地球磁场来寻找方向。

生存危机

目前，墨西哥有大量森林被砍伐，使黑脉金斑蝶失去许多过冬的家园。而马利筋也被人们当成杂草大量除去，使黑脉金斑蝶面临着严峻的食物危机。

抹香鲸

抹香鲸是世界上体型最大的齿鲸，成年雄性的体长可达 20 米。它们广泛地生活在全世界不结冰的海域，所以不管是在赤道还是在两极，我们都有可能发现它们的踪迹。

出发啦！

秋天时，抹香鲸会向着温暖的赤道海域出发，去那里寻找配偶。春天和夏天时，它们一般会离开赤道，到别的海域去寻找食物。母鲸和幼鲸喜欢生活在温暖的海域，而雄性抹香鲸则喜欢远行和冒险，它们最北可能会游到格陵兰，最南可能会游到南极洲。

鲸群

雌性抹香鲸总是组成鲸群一起生活，一个鲸群里一般有 15 ～ 20 只雌性抹香鲸和它们的孩子。雄性抹香鲸成年后一般会离开鲸群，然后加入雄性抹香鲸的群体。不过，年龄较大的雄性抹香鲸大多喜欢独来独往。

最爱的食物

大王乌贼可能是抹香鲸最爱的食物，也是它们强大的敌人。当抹香鲸遇到大王乌贼时，经常会爆发一场大战。抹香鲸的身上有许多像吸盘一样的疤痕，那就是在与大王乌贼搏斗时留下的。

超级大头

　　抹香鲸有一个超级大的头，其长度可以占到整个身体的四分之一到三分之一。因此，抹香鲸的大脑也是世界上所有动物里最大的。不过，虽然有这么大的头，由于神经元不多，所以抹香鲸的智力并不高。

奇特睡姿

　　抹香鲸累了也会睡觉，而且有时会采用一种奇特的姿势，那就是竖立在海洋中。据推测，这可能是因为抹香鲸巨大的头部、肺部等重要部位都集中在上半身，因此受到的浮力比尾部大。

回声定位

　　抹香鲸会利用回声确定位置、探测距离，就像蝙蝠一样。借助回声，抹香鲸可以在又深又黑的大海里顺利前进，找到美味的食物，也可以寻找在水面玩耍的幼鲸。

保护抹香鲸

　　在 18 世纪、19 世纪以及 20 世纪早期，人类大量捕杀抹香鲸，以获取鲸蜡和鲸油，因为这些东西可以用来点灯和制造蜡烛。另外，抹香鲸肠内会产生一种分泌物，干燥后是一种贵重的香料，名叫"龙涎香"，这也是抹香鲸被人们大量捕杀的一个诱因。

非洲象

大象主要居住在非洲和亚洲，其中，非洲象有追逐水草而迁徙的习惯。
与其他大象相比，马里大象的迁徙距离是最遥远的，可以达到 450 ～ 700 千米。

出发啦！

班锡那湖是非洲马里大象迁徙的起点，这是一个全年有水的湖，其他的湖都会在旱季来临时消失。大象们在这里度过旱季，到了 4 月至 5 月，湖畔的食物大部分已经被大象和其他动物吃掉了。雨季来临时，往南迁徙的时间就到啦！

超强记忆力

大象的记忆力非常强，只要它们曾经去过的地方，就算过了很久，也能准确找到。因此，在遇到旱灾的时候，如果象群的头领是一头曾经历过旱灾的母象，会大大提高它们的生存概率。

灵敏的嗅觉

大象能用鼻子闻出附近有没有其他的动物。如果发现有危险，它们就会及时把信息传递给同伴。这时，成年的大象就会把小象全都围起来，以保护它们。

灵活的鼻子

大象有一个灵活的长鼻子，它们能用鼻子喝水、摄取食物、搬运东西，还能用鼻子给自己洗澡、安抚同伴或小象、抵御敌人。就算是凶猛的狮子，在面对大象的长鼻子时，也必须退让三分。

奔跑

大象的个子很大，看起来很笨重，其实奔跑起来的速度非常快，能达到每小时 40 千米。

迁徙障碍

撒哈拉以南的非洲很多地方都变成了一块块围起来的保留地、狩猎场和农场，象群想要自由迁徙已经变得越来越困难了，所以它们肆虐村庄和农场的现象也越来越多。

踏上归途

到了 11 月，雨水越来越少，马里大象便踏上了返回班锡那湖的旅程，并在那里度过旱季。

斑马

在非洲的博茨瓦纳，每年都能看到壮观的斑马迁徙场景。斑马生活的地区是热带草原气候，有明显的干季和湿季。当一个地方缺少水源和食物时，它们就会成群结队地迁徙到别的地方去生活。

出发啦！

有成千上万匹斑马在干旱时生活在博泰蒂河附近，因为这时只有这条河有水。几个月后，当大部分的草被吃光时，雨季就来了，斑马们会成群结队地向东边积满水的马卡迪卡迪盐沼赶去。它们在这里生活 5 至 8 个月后，直到池塘再次干涸，然后就回到博泰蒂河附近。

草快要吃完了，我们该走了。

迁徙中的危险

斑马的天敌有很多，有狮子、豹、野狗、鬣狗等。就算是在水中，也总是有鳄鱼在潜伏着，等斑马距离较近的时候，就会突然冲出，将其扑倒后饱餐一顿。

这耳朵怎么会转？

灵活的耳朵

斑马的耳朵很灵活，它们能在身体不动的情况下，自由地转动耳朵。这样，它们就能不引人注意地辨别出一些可疑的声音，保证自己的安全。

斑纹的作用

　　斑马身上有很多条纹，这是一种适应环境的保护色。在开阔的草原，这种黑色与白色相间的条纹起着模糊或分散其体型轮廓的作用。还有研究者认为，斑马身上的条纹可以分散和削弱草原上蚊蝇的注意力，是防止被叮咬的一种手段。

凶猛的后踢

　　斑马在被敌人追捕或者相互发生打斗时，经常使出凶猛的后踢。它们的后腿猛地一踢，威力非常强大，能把一只狮子踢飞，踢断其下颚骨或踢掉牙齿，使其重伤甚至丧命。

集群

　　斑马是群居动物，有很强的社会性。它们总是一起吃草，彼此梳理皮毛，一起休息。就算年老的斑马，也不会被逐出群体。

不能骑的马

　　斑马至今没有被人类完全驯服，所以不能骑。英国人曾经在非洲试图驾驭斑马，但他们很快就发现，斑马体型小、耐力差，还容易受惊，难以驯服，很多士兵都在骑斑马时被狠狠摔下来。而且斑马的叫声又大又怪异，如果骑着它去执行任务，很容易就把自己暴露了。

海象

　　海象长得粗壮而肥胖，生活在环绕北极的地区。每年夏季，随着北极浮冰的消融，海象就会到富饶的北极海域去寻找食物。当秋季海面结冰后，它们会返回南部的交配和越冬区域。

出发啦！

　　太平洋海象生活在白令海、楚科奇海和弗兰格尔岛。冬天时，它们会南迁进入白令海；夏天时，雌海象和小海象会往北迁移到楚科奇海，而雄海象则不会到那里去，有的就停留在楚科奇海南边的陆地上。

迁徙中的危险

　　在太平洋海象迁移的路上，海冰为其提供了一个绝佳的平台。由于肥硕的海象不能长时间游泳，所以它们要不时爬到海冰面上休息。近年来由于气温上升，北冰洋边缘的楚科奇海有大片冰面融化，导致海象失去了休息场所，它们不得不大批涌上海岸线。有时数万头海象挤在一起，导致许多海象因拥挤和踩踏而死亡。

"胡须"

　　海象的"胡须"是其身体的一大特点，柔韧性很强，就像塑料制成的，粗如火柴棍，长在上唇的厚肉垫上。海象的"胡须"约有400多根，嘴角两侧的最长也最密，可达10～12厘米长。"胡须"中有血管和神经，触觉十分灵敏。

多功能獠牙

海象有一对长长的獠牙，就像大象的象牙一样，这也是它得名的原因。海象会用獠牙来争斗，也可以在泥沙中掘取蚌蛤、虾蟹等食物，或者在爬上冰块时支撑身体，还可以用来凿开冰洞，以便从冰下露出头来呼吸。多数情况下，拥有最长獠牙的海象就是一个海象群的首领。

潜水高手

海象是有名的潜水高手，能潜到 500 米深的地方，甚至更深。而且，海象潜入海底后，能够在水下滞留 2 小时。当它需要新鲜空气时，只需要 3 分钟就能浮出水面。

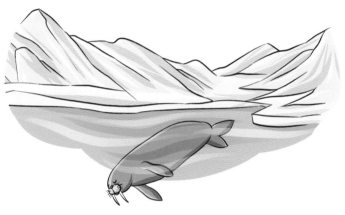

会变色的皮肤

海象的皮肤很厚，且有很多褶皱。裸露无毛的体表一般呈灰褐色或黄褐色，但在冰冷的海水中浸泡过后，其动脉血管会收缩，血液流动受到限制，体表会变成灰白色。但登陆以后，血管又会膨胀，体表呈现出棕红色。

小耳朵

海象的耳朵是两个非常小的小孔，再加上它们身上有很多皱纹，所以人们几乎看不到它们的耳朵。

红地蟹

在印度尼西亚以南的海洋中，有一个圣诞岛，这里生活着许多红地蟹。由于红地蟹适合在陆地上生存，而卵又只能在海水中孵化，所以它们每年都会大规模迁徙，目的就是为了寻找配偶，并把卵产在大海中。

出发啦！

在圣诞岛雨季的第一场大雨之后，红地蟹就从地面上的蟹洞爬出来，离开它们在森林里的家，踏上渴望已久的旅行。这是个庞大的队伍，一起上路的红地蟹每年约有 1 亿 2000 万只，它们浩浩荡荡地向着大海前进。

我怕车。

咱们从桥上过去。

迁徙中的危险

不同的红地蟹迁徙路程是不一样长的，因为它们的巢穴位置不同。有的离海洋近，有的离海洋远。它们的旅途充满了危险，可能会被汽车轧死，或被人踩死，或被太阳晒死。当地政府为了保护红地蟹，每年都会封锁一些道路，还在一些地方为它们修建了"蟹桥"。

救命啊！

可怕的蚂蚁

长足捷蚁是一种可怕的入侵蚂蚁，是随着货船无意间来到圣诞岛的。虽然它们的体型远远小于红地蟹，但胜在数量多，一群长足捷蚁同时对着一只红地蟹的嘴和眼睛喷出酸液，很快就会让它双目失明并死去。据估计，多年来被长足捷蚁杀死的红地蟹已经有数千万只。

到达目的地

经过大约一个星期的跋涉，闯过了各种危险，红地蟹终于到达海边。第一批抵达的是雄蟹，它们争先恐后地冲进海水中浸泡身体，补充盐和水分。之后，它们就会在离岸边不远的地方挖掘舒适的巢穴，来迎接雌蟹的到来。

繁衍

雌蟹蜂拥而至后，会和雄蟹交配。随后，雄蟹返回森林，而雌蟹则会留在蟹洞里哺育受精卵。

大约两周后，受精卵全部成熟，雌蟹就会在夜色中爬出来，在涨潮的夜晚，把卵产到海水中，然后返回森林。

新一代红地蟹

一只雌蟹可以产下约 10 万颗卵，这些卵几乎立刻就能孵化，不过孵出来的可不是小螃蟹，而是"蚤状幼体"。经过几周的蜕皮和发育后，它们就成为幼蟹了。这时，它们会勇敢地登上海岸，前往森林生活。

有趣的高尔夫球规则

红地蟹在迁移的过程中还会闯进高尔夫球场，甚至把地上的高尔夫球推走。当地的高尔夫球规则因此被迫做出了修改：如果红地蟹将球碰走，球员也只能跟着球走，在球停下来的地方击球。

驯鹿

驯鹿是鹿科动物中的迁徙冠军，每年夏季它们都会返回荒凉的苔原中的同一块繁殖地，之后再向南跋涉到亚北极地区的森林和草原过冬。春天一到，它们便离开自己的越冬地，沿着几百年不变的路线往北进发。它们夏季和冬季的栖息地通常相隔 160 ～ 180 千米。

出发啦！

在冬季，驯鹿的主要食物是一种叫作石蕊的地衣，在吃食时，驯鹿用角和蹄子挖出埋在雪地中的地衣。到了 3 月或 4 月，这些食物被吃得所剩无几了，驯鹿就会往北迁徙，寻找更好的采食地。

跟着前面的走

驯鹿排成单行，由雌鹿打头，雄鹿紧随其后，踩着前面个体的足迹在深雪中艰难行走，在行走的过程中，它们也会停下来寻找地衣和莎草。通过这种高效的行走方法，它们每天能以最少的能量消耗行走大约 50 千米。

绒毛路标

驯鹿群日夜兼程，匀速前进，沿途会脱掉厚厚的冬装，生出新的薄薄的夏衣。脱下的绒毛掉在地上，正好成了路标。科学家认为驯鹿能通过视觉地标、电磁场和太阳来确定迁徙路线。

头号天敌

北极狼是驯鹿的头号天敌，它们捕杀了大约70%的驯鹿幼崽。许多老年的、生病的驯鹿也是北极狼捕杀的目标。狼群可以在越冬地的森林中发动突然袭击，在捕捉到猎物后，狼群中的成员会用反刍的肉来给狼崽喂食。

捕食者受到干扰

大约在5月底，驯鹿到达了长满茂盛的新生羊胡子草的草原，在这里，它们可以尽情采食。怀孕的雌鹿会比雄鹿和幼鹿提前到达，并很快产下小驯鹿。突然间大量出现的小驯鹿会混淆捕食者——主要是狼和棕熊的判断，使被捕食的驯鹿数量降到最少，保证整个驯鹿群的同步迁徙。

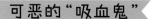

可恶的"吸血鬼"

7月初，蚊子和牛皮蝇在温暖潮湿的苔原泛滥，烦躁的驯鹿们会到海岸或冰原上躲避，那里气候凉爽，蚊子和牛皮蝇没有办法生存。到了7月底，驯鹿就会向南去高原地区，等到9月或10月初，再前往繁殖地。

惊人的生长速度

幼鹿的生长速度是任何动物也无法比拟的，幼鹿出生一天后，跑步的速度就可以超过奥运会的短跑选手。两三天后，它们就可以跟着母鹿一起赶路。一个星期后，它们就能像父母一样跑得飞快了。

北极熊

北极熊处于北极食物链的顶端，对它们来说，冬季是食物富足的季节，它们可以在北冰洋冻结的冰面上漫游来寻找海豹。但是一到夏季，它们的冰上捕猎场就会破碎不堪，南部地区的北极熊就会被迫上岸，迁徙数百千米甚至更远的距离去寻找猎物。

移动的家

海冰是北极熊移动的家，会随着洋流漂移，每年结冰的时间不尽相同，所以北极熊的家域非常大。小的家域大约有 5 平方千米，最大的家域大约有 35 万平方千米。

捕猎大本营

北极熊的大本营是被称为"北极生命圈"的非常富饶的生态交错带，与北极海岸带平行的冰上通道（海冰中的水道和裂缝）和冰间湖（冰块间的开阔水域）组成的迷宫，为北极熊的捕猎提供了绝佳的场所。

捕食环斑海豹

北极熊喜欢捕食环斑海豹，尤其是环斑海豹的幼崽，以储存足够多的脂肪。在整个冬季，北极熊靠监视海豹在海冰上的呼吸洞来捕猎。它们会耐心地等待其中一只海豹浮出冰面呼吸时，尽力把它拖出水面。

成功率好低

在每年的 3 月中旬到 4 月，是环斑海豹的繁殖季节，这是北极熊捕猎的好时机。新生的环斑海豹会藏在冰脊和风化的雪盖下的洞穴中。北极熊异常灵敏的嗅觉这时候就派上了用场，它能从 5 千米开外找到隐藏的海豹幼崽。可惜的是，这种砸开冰面捕食海豹幼崽的成功率只有不到三分之一。

困难时期

对北极熊来说，夏季是个困难时期。在陆地上，北极熊由于身上披着较厚的毛皮，会感到非常炙热，陆地食物这时也很缺乏，它们只能到处翻找浆果和植物根来吃，有时也会捕捉少量的海鸟和旅鼠，但这对它们庞大的身躯来说，是远远不够的，挨饿就成了经常的事情。

南部迁徙者

在北极熊种群中最具有迁徙性的是南部种群，它们遵循南北迁徙的路径，春季随着浮冰退到北部，秋季则往南推进。在迁徙者中，它们的行走速度相当缓慢，在一天内极少超过 50 千米。

新的危机

加拿大哈得孙湾西海岸的丘吉尔镇，被誉为"世界北极熊之乡"。每年秋季，大约有 1000 只北极熊聚集在这里，等待海水结冰，这是世界上数量最大、位置最靠南的北极熊群。但是，随着全球变暖，冰的破碎时间不断提早，更短的海冰季使北极熊捕猎海豹的时间更加短暂，北极熊的数量因此变得越来越少，体型也越来越瘦。

角马

在肯尼亚和坦桑尼亚大平原上，有一个庞大的角马群。在雨季时，它们总是结成小群活动，旱季时合成大群，团结在一起，长途奔袭，寻找新的草场。这个庞大的迁徙群用自己的蹄子、牙齿和粪便滋养着草原，并影响非洲的稀树草原生态系统。

出发啦！

坦桑尼亚的塞伦盖蒂国家公园位于辽阔的东非高原上，这里生活着狮子、大象、长颈鹿、犀牛、河马等动物。每当进入湿季（11月至次年4月），数百万头羚羊、斑马、角马等草食动物就会来此生息繁衍。旱季到来后，它们又会成群结队地迁入北方水源条件较好的马赛马拉国家公园，直到旱季末再大规模迁回。

天国之渡

在肯尼亚有一条马拉河，是角马迁徙必经之路。当角马渡河时，必须面对尼罗鳄的血盆大口、狮子及豹子的埋伏，还有鬣狗的群起围攻。渡河的场面非常壮观，被人们称为"天国之渡"。

狂暴的河马

大批角马过河时，会惊醒河中沉睡的河马。河马的嘴很大，喜欢潜在河里休息。它们的领地意识很强，脾气很狂暴，对于侵犯其领地者有着必杀之心。因此，当角马们过河之后，河中就会留下很多被河马咬死的角马尸体。

角马非马

角马其实不是马，而是一种大型羚羊。其外表丑陋，有着长长的脸、蓬松的鬃毛、毛发丛生的胸部，头部和肩部长得比较像牛，雌雄两性都有独特的弯角，而身体后半部分又很像马，也有不停摇摆的尾巴。

迁徙的先后顺序

在角马迁徙的过程中，替它们打头阵的其实是斑马。因为斑马喜欢吃草尖，因此为了吃到没被其他食草动物染指的长草，斑马通常都是最先出发。跟在斑马后面的是角马，它们是迁徙的主力军，会把沿途的食物搜刮干净。走在最后面的是瞪羚，它们最会享受，喜欢吃重新长出来的嫩草。

数量庞大的小角马

塞伦盖蒂—马赛马拉地区的角马每年可以产下约 50 万只小角马。因为周围总是游荡着狮子、鬣狗等，为了尽量争取生存的机会，小角马在出生 5 分钟后就能够站立，15 分钟后就能奔跑。

争夺配偶

为了争夺配偶，雄性角马们会展开决斗，通过"暴力手段"确定输赢。失败者往往会离群出走，成为"独行客"。这些"独行客"往往性情暴躁，极易伤人，是旅游者要特别提防的对象。

欧旅鼠

　　欧旅鼠以草、灌木和苔藓为食，主要生活在斯堪的纳维亚北部的森林和沼泽地带。欧旅鼠的繁殖力超强，一旦条件允许，它们的数量就会疯狂增长。有时，秋季的欧旅鼠数量能达到春季时的 200 倍。所以，在数量激增时，为了获取食物，它们不得不迁徙。

出发啦!

　　在某些年份，欧旅鼠的数量达到一个高峰时，它们就面临着过度拥挤和食物短缺。这时，欧旅鼠会大致向南部地区随机扩散。科学家称这种现象为"迁出"，也就是说它们并没有再回来的打算。

迁徙中的危险

　　当欧旅鼠的数量大量增加时，也为其天敌北极狐、雪鹗等提供了绝好的繁殖条件。但欧旅鼠由于饥饿和空间的限制，数量又会突然下降，于是北极狐、雪鹗等又会面临食物缺乏的危机，从而数量随之减少，或者被迫迁徙。

跳海之谜

　　传说，当欧旅鼠数量达到顶峰时，它们就会自发地集体奔赴大海自杀，只留下少数同类承担起传宗接代的任务。不过，专家们认为欧旅鼠不会集体自杀，只会因缺少食物而向其他地方扩散。至于许多欧旅鼠跳进海里，可能是因为它们试图游到对岸去。事实上，有许多足够强壮的欧旅鼠确实找到了新的家园，当然更多的是在水中耗尽了体力，因此溺死、冻死。

变色之谜

当欧旅鼠的数量急剧增加时，它们的毛色就会变成鲜艳的橘红色，将自己暴露在天敌面前。有的科学家认为，这是欧旅鼠主动求死的行为，和它们自发跳进大海一样，目的是减少种群的数量，保证一小部分欧旅鼠有足够的生存资源。

超强繁殖力

自然条件好的年头，一只母鼠一年可生产七八窝，每窝可生大约 12 只小鼠。新出生的小鼠在 20 ～ 30 天后就可以繁殖自己的后代。据此速度，一对欧旅鼠一年就可繁殖出上百万只后代，实在是令人惊叹！

北极狐捉欧旅鼠

北极狐是欧旅鼠的天敌，它们有一身捕捉欧旅鼠的好本领。就算欧旅鼠藏在雪底下，它们也能闻到微弱的气味，然后刨开雪将其捉住。有时候，北极狐会纵身一跃，跳到半空，然后头和前肢猛地扎进雪里，将藏得很深的欧旅鼠抓住。

惊人的食量

欧旅鼠的食量非常惊人，它们一顿可吃相当于自身重量两倍的食物，而且食源很广，草根、草茎、苔藓等，几乎没有它们不吃的植物。欧旅鼠一年能吃下 45 千克的食物，所以被人们戏称为"肥胖忙碌的收割机"。

帝企鹅

　　帝企鹅主要生活在南极洲及附近的海洋中。它们的繁殖期是南极的冬季，此时繁殖地的天敌——海豹、贼鸥等比较少，可以提高繁殖率。而且，当小企鹅长到能独立活动、觅食的时候，南极的夏天就要到了，充足的食物、温暖的环境有利于小企鹅顺利成长。

走，咱们回老家过暑假！

出发啦！

　　每年1～月至3月，帝企鹅会栖息在南极洲海岸和外围岛屿。当海水开始结冰后，繁殖期（4岁以上）的帝企鹅就会成群结队往南迁徙，蹒跚地赶到繁殖地。等南极的夏季到来时，它们就会带着自己的孩子再次返回。每年帝企鹅都会在南极冰面上往返于海洋和繁殖地，其旅程最远可达200千米。

迁徙中的危险

　　帝企鹅在迁徙时会组成队伍，如果遭遇暴风雪，它们就互相紧紧偎依，坚强地忍受。只有依靠团队的力量才能战胜恶劣的自然环境。有时，有的企鹅在路上会掉队迷路，或者掉进冰坑、冰缝，等待它们的往往就是死亡。

都挤紧一点啊！

这样走路太慢了！

他在偷学我们的绝技？

身体

　　帝企鹅的躯干整体呈流线型的纺锤状，有利于潜水和游泳。它们长有翅膀，但已经退化，不能飞行。它们的腿很短，脚粗短而有力，走路时总是摇摇晃晃的，样子惹人发笑，但据说这种走路姿势能节省能量。帝企鹅还有尾巴，虽然很短小，但在必要的时候可以帮助它们支撑身体，保持平衡。

不怕冷的秘密

　　帝企鹅全身覆盖着密集而细小的羽毛，这些羽毛为细管状结构，呈披针形排列，表面覆盖着油脂，具有防水作用。而且，羽毛之间还封锁着一层空气，有助于防寒保暖。同时，帝企鹅体内还有厚厚的脂肪层，这也是其保持体温和抵抗寒冷的主要能源。

伟大的雄企鹅

　　负责孵蛋的是雄企鹅，因为它们的双腿和腹部下方之间有一块布满血管的育儿袋，里面非常温暖。雌企鹅一次只能产一枚蛋，当它们产下蛋后，就会赶往海洋寻找食物，而雄企鹅则会将蛋接收过来，小心翼翼地把它垫在厚厚的脚背之上，用羽毛将其遮盖。之后，在长达两个月的孵化期里，雄企鹅们紧紧地聚集在一起，不吃不喝，直到小企鹅被孵出。

　　有时，小企鹅肚子饿了，雄企鹅就会反刍出一种白色的分泌物喂给它吃，据说这东西没什么营养，只是应付一下罢了。雌企鹅返回时，会将装在嗉囊里的食物带给小企鹅，而雄企鹅就可以返回海里去捕食和补养身体了。

蛋碎了

　　当雄企鹅接收蛋或者独自孵蛋时，会发生各种意外，有时会导致蛋被摔破。这时，雄企鹅会非常伤心。有的雄企鹅会做出奇怪的举动，比如将一块石头放在肚子下假装孵蛋，而有的则会伺机抢夺别的企鹅的蛋。

小企鹅"幼儿园"

　　当小企鹅可以独立行走后，许多企鹅父母在外出觅食时就会把孩子委托给邻居照管。这样，由一只或几只成年帝企鹅照顾着一大群小企鹅的"幼儿园"就形成了。

绿海龟

绿海龟是世界上最大的海龟，通常可达 0.8~1 米长。几个世纪甚至数千年来，绿海龟都会前往同一片海滩产卵，这是它们的一种本能。令人惊叹的是它们异常精确的导航，竟然能找到多年前自己出生的小岛。

出发啦！

绿海龟广泛分布在热带和温带海域，一生中大多数时间都在海中生活，但它们仍然保留了部分祖先的生活方式，必须回到陆地上产卵，繁育后代，所以形成了特有的迁徙习惯。绿海龟的产卵地通常很小且较为分散，但不管离得有多远，它们都能准确找到地方，并在这里繁衍下一代。

产卵

雌海龟来到产卵地后，会在这里交配。在某一个涨潮的夜晚，它们会爬上海岸，找一片远离海岸线的安全海滩，用粗壮的前肢挖一个与体长相当的沙坑，随即伏在沙坑里，用后肢挖出一个"卵坑"，然后产下 80 ～ 150 枚卵，再用前肢挖沙将坑覆盖起来。对于大多数雌海龟来说，在一个产卵季可以产 3 窝卵。

雌海龟的障眼法

雌海龟产完卵后，还会在附近制造一个假洞，用来掩护还未出生的孩子们。在返回大海时，为了不暴露"卵坑"，它们还会从另一条路返回大海。由此可见，雌海龟有着高超的智慧。

"流泪"之谜

绿海龟在产卵时会出现"泪"流满面的状况，有人以为这是因为产卵很痛苦。其实这是绿海龟在排盐，因为它们体内的盐分含量很大，必须把多余盐分排掉，才能保证身体内的生理平衡。

孵化

绿海龟的卵需要 45 ～ 70 天才能孵化，这与窝中的温度有关。绿海龟缺少决定性别的染色体，决定孵出的小海龟性别的是温度。如果温度高于 29.3℃，孵出的就是雌海龟；如果温度低于 29.3℃，孵出的就是雄海龟。

奔向海洋的危险

小海龟孵出来后，就能立刻找到海洋的方向。它们需要返回海洋生活，但海滩上经常有海鸥、贼鸥、沙蟹等捕食者在等待它们，所以它们会成群结队奔向海洋，以便提高成活的概率。

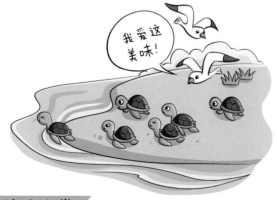

可怕的人类

人类对产卵地的破坏，包括骚扰产卵雌海龟、不当挖掘龟卵、捕捉小海龟及挖取沙石等，都严重影响了绿海龟的繁殖。另外，来自岸上的灯光会迷惑小海龟，让它们找不到下海的路，从而惨遭天敌的毒手或是曝尸在路上。

南极磷虾

南极磷虾是一种长得像虾的无脊椎动物，集群生活在南极地区的海洋中。南极磷虾群是有记录的世界上最大的动物集群，是南极食物链的基础，被各种鱼类、企鹅、海豹、须鲸等所采食。夏季时，它们每天都在海洋的上层和深层之间迁徙。冬季时，它们又会迁徙到冰盖下生活。

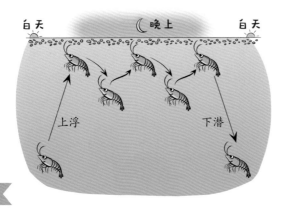

出发啦！

南极磷虾有两种迁徙方式：一种是随季节不同，在南极大陆附近海域和冰盖下来回迁徙；另一种是夏季时，由于浮冰融化，海洋中的硅藻大爆发，使得喜食硅藻的南极磷虾数量也急剧增加，经常绵延数千米，为了安全，它们就会在白天沉入深海，等到夜间再浮到海洋上层。

越冬

南极的冬季时，南极磷虾生活在冰盖下。在长达半年的时间里，它们几乎不吃任何东西，只靠夏天积攒的脂肪越冬。它们会缩小体型、减慢代谢速率，外表也会退回幼体时的样子，甚至还会吃掉自己脱下的外壳。

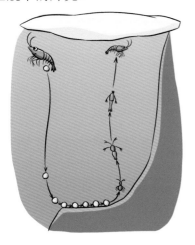

独特的孵化

一只雌性南极磷虾可产下 1 万多只卵，这些卵全是在下沉过程中孵化的。具体地说，磷虾卵离开母体后，就开始往下沉，并一边下沉一边孵化。当它们下沉到数百米，甚至 2000 多米时，就可以孵化出磷虾幼体了。磷虾幼体出生后，就开始上浮，同时不断发育。当它们发育成小磷虾时，也几乎上浮到海水表层了。

庞大的南极磷虾群

南极磷虾喜欢群居，而且群体非常庞大。一个水下 200 米深、450 平方千米的海域中，就拥有大约 200 万吨南极磷虾。当它们以极大的数量游过海面时，会将海面变成红色。

发光之谜

南极磷虾的身体一般都比较透明，还会发出点点的磷光，所以才被称为磷虾。它们的身体能发光，是因为体内有发光器。这些发光器由发光细胞、反射器和晶体组成。在发光细胞内，荧光素在荧光蛋白酶的作用下可以发出蓝色的冷光，通过反射器的反射和晶体的聚焦后，就会成为点点磷光。

"吃货"眼中的磷虾

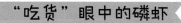

南极磷虾的虾皮很薄、肉质饱满、晶莹剔透，不过其味道并不出众。刚捕捞上来的新鲜磷虾吃起来有点甜味，味道比较淡，不腥，没有什么特色。根据研究，南极磷虾外壳中含有大量的氟，而且在磷虾死后会很快渗透到虾肉中，对人体是有害的。不过，随着捕捞效率的提高和脱壳机器的应用，人类可以直接食用的磷虾产品已经被开发出来，以满足"吃货"们的需求。

来自人类的威胁

磷虾资源虽然极其丰富，但目前却面临着人类的大量捕捞。从 20 世纪 70 年代起，南极磷虾的种群数量已证实下降了 80%。如果磷虾捕捞业继续扩大，势必危及南极其他动物的生存，甚至对南极脆弱的生态系统造成灾难性的后果。

座头鲸

座头鲸栖息于世界各大洋，以壮观的跳跃表演、有趣的嬉戏、超长的前翅和复杂的求偶叫声而闻名。为了繁殖后代，为了获得充足的食物，它们总是在采食海域和繁殖海域之间来回迁徙。

杀身之祸

座头鲸是已知哺乳动物中迁徙距离最长的，它们会从低纬度海域迁徙到食物丰富的极地海域。当海水温度下降时，它们又会沿直线迁徙到温暖的低纬度海域交配和产仔。座头鲸每年的迁徙都会沿着固定的路线，到达固定的采食和产仔海域，所以要捕杀它们是非常容易的。据悉，仅在1900年至1940年期间，南半球被捕杀的座头鲸就超过10万只。

一定要远离人类！

海洋中的"特技演员"

座头鲸非常喜欢用鳍拍打水面、用背部翻滚或用尾巴用力击打海面，从而激起巨大的水花。它们最惊人的运动方式就是全力冲向天空，然后以背部入水，具有很强的观赏性。有生物学家认为，这是座头鲸在传递某些信息，因为入水时拍击水面所产生的声音在水下能传播得很远。

好厉害！

座头鲸卡拉OK大赛

我是歌神！

我是歌王！

神秘的歌声

座头鲸的歌声悠扬婉转、优美动听，在自然界非常有名，也非常神秘。因为只有雄鲸会唱歌，所以有人认为这是为了吸引雌鲸的注意，不过目前并没有足够的证据能支持这种观点。

合作捕食

座头鲸进化出了独特的合作捕食法：数只座头鲸会通力合作，将鱼群或磷虾群赶成一个密集的群，然后它们纷纷呼出泡沫将猎物包围起来，阻止其逃跑，接着就可以跃出海面狼吞虎咽了。

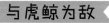

进食方式

座头鲸是一种须鲸，大多数时候会采用一种非常巧妙的进食方式：将卜颌张得很大，一口气吞下大量的水和鱼虾，然后把嘴闭上，把舌头往前一推，将水从鲸须的缝挤出去，再把留下的鱼虾等吞进肚子里。

与虎鲸为敌

虎鲸是凶悍的肉食动物，常常结伴而行，如群狼般突袭猎物。奇怪的是，座头鲸似乎非常喜欢与虎鲸为敌。当虎鲸在捕猎时，座头鲸往往会冲上去驱赶虎鲸，营救被捕猎的动物，无论其猎物是什么。有时候，座头鲸甚至会从好几千米远的地方赶来，这种"英勇"行为实在是令人费解。

搁浅

在世界范围内，每年都有数千只鲸目动物被冲到海岸上，其中就包括数十只座头鲸。这些搁浅的鲸目动物暴露在空气中，很快就会死亡，大多会成为食腐动物的食物。有关鲸目动物搁浅的现象不断增加，可能反映了全球气候变化或人类对海洋环境的影响。

雪雁

　　雪雁有大雪雁和小雪雁之分，它们主要生活在北美洲。雪雁的繁殖地主要位于北美洲北部的北极地区，当天气变冷时，它们就会迁徙到墨西哥湾一带过冬。等来年天气暖和后，它们又再次回到繁殖地。

固定的航线

　　雪雁每年都会在固定的迁徙航线上飞行，通常它们会沿着海岸线飞行在900米的高空，但也有些雪雁群会飞得特别高。雪雁飞行时，整个群体会波状起伏，在不同的高度上下移动，因此它们有了"波动者"的绰号。

准备升高！

你们愿意结为夫妻，终身相伴吗？

我愿意！

我愿意！

雪雁家庭

　　雪雁有很强的家庭凝聚力，通常一群雪雁就是一个大家庭，它们总是举家迁徙，生死不离。雪雁对婚姻也非常忠诚，一旦配偶确定，通常终生相伴，不离不弃。

没位置了！

还能再藏一个吗？

不能飞的时候

　　雪雁在迁徙前会换飞羽。鸟类换羽大多是逐渐更替的，以保证在换羽时不影响飞翔能力，但雪雁的飞羽却是一次性全部脱落，导致它们在这个时期内完全丧失飞行能力。因此，每到这时候，雪雁就会隐蔽在湖泊草丛之中，以免被敌害捕食。

为孩子而战

在雪雁的繁殖地，北极狐总是会偷走或抢走它们的蛋，或者是新生的小雪雁。为了保护自己的孩子，雪雁经常与北极狐展开英勇无畏的战斗。

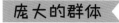

庞大的群体

在迁徙的路上，许多不同家庭的雪雁会聚集成群，通常多个大群还会结伴而行，最终形成多达数万只雪雁的庞大群体。由于雪雁群太大，甚至会干扰飞机的航线，因此有的机场在雪雁经过时还会被迫暂时关闭。

可怕的白头海雕

白头海雕又叫美洲雕，是美国的国鸟，是一种大型猛禽。白头海雕主要栖息在海岸、湖沼和河流附近，以大马哈鱼、鳟鱼、野鸭等为食。当大批雪雁聚集在水面休息时，白头海雕也会闻风而至。一旦雪雁发现了白头海雕的踪影，就会纷纷振翅高飞，遮天蔽日的雪雁群往往让白头海雕视线模糊、不知所措。不过，还是有一些因为受伤而落单的雪雁会被白头海雕捉到，成为它的美食。

坚定的素食者

雪雁是为数很少的素食鸟类，主要以植物的根、茎、杂草等为食。它们有坚硬的喙，很适合挖掘地下植物的根。在越冬区，它们也会摄食谷物和庄稼的嫩枝。

小天鹅

小天鹅是天鹅中最强的迁徙者，每年夏天都会大批飞到北极繁殖地去生活和繁殖后代，等天气变冷时，再飞回南方过冬。

熟悉的路线

小天鹅是非常恒定的迁徙者，它们在越冬时和迁徙时使用的沼泽、海岸、湖泊等，很多都是自人类有历史记录时就开始被使用的。它们熟悉了一片区域或一条路线后，就会世代相传，这对它们的安全来说至关重要。

飞行能手

小天鹅通常在低于450米的空中飞行，这样可以减少能耗，同时它们还会结成紧密相接的队伍，以获得最大的空气动力学效应。科学家观测后发现，小天鹅在旅途中有时会停下来休息，等到有合适的顺风时它们再集体起程。

独特的标记

科学家发现，每只小天鹅鸟喙的标记物都有些许不同，它们鸟喙上黑色和黄色的排列模式都是独特的，人们可以据此分辨出不同的小天鹅个体。

为爱打斗

小天鹅中的雄鸟们经常为了争夺配偶而打斗。两只雄鸟打斗时，会面对面伸长脖子，不断拍打两只翅膀，然后同时扑向对方。直到有一方主动认输飞走，这场打斗才算结束。

忠贞的爱情

小天鹅通常在2～3岁开始寻找配偶，但要到4岁时才有繁殖能力。小天鹅对爱情非常忠贞，一对夫妻通常会形影不离，终生相伴。如果其中一方死了，另一方要过好几年才会另寻配偶，而且再婚率低且不稳定，繁殖成功率也很低。

"丑小鸭"变白天鹅

雌天鹅通常一次产卵5～6枚，经过30多天的孵化，就可以孵出灰色的小天鹅宝宝了。这些小宝宝看起来一点都不像天鹅，倒像是丑小鸭。不过，等它们慢慢长大后，就会换上一身雪白的羽毛，变成真正的白天鹅了。

家鹅和天鹅是近亲吗？

家鹅其实是由野雁人工驯化而来的，是鸟纲、雁形目、鸭科、鹅属的一种家禽，而天鹅则是鸟纲、雁形目、鸭科、天鹅属的一类游禽，所以它们不是同一个属，不是近亲。

北极燕鸥

当北半球是夏季时，北极燕鸥就在北极圈内繁衍后代。北半球的冬季到来时，它们就开始长途迁徙，一路向南飞行，越过赤道，最后来到冰天雪地的南极洲，在这里享受南半球的夏季。等南半球的冬季到来时，它们又向北迁徙，回到北极。

高强的迁徙本领

在所有的迁徙动物中，北极燕鸥长途跋涉的本领是罕见的。它们从北极迁徙到南极，再返回北极，这一个来回的行程就达4万多千米，是已知的动物中迁徙路线最长的。有数据表明，北极燕鸥一生飞行的距离可达到240万千米，真是令人惊叹！

利用风力

科学家们使用微型GPS设备追踪了北极燕鸥，发现它们飞往南极时会经过非洲海岸或者经过巴西海岸，但它们飞回北极时却会走大西洋中间的路线，呈"S"形。科学家们把这条路线与盛行风系统一比较，发现北极燕鸥选择这样的路线虽然曲折了一些，但是却能利用风力，节省体力。

敢于争斗

北极燕鸥争强好斗，经常互相吵闹不休，还大打出手。不过，一旦有外敌入侵，它们就会立刻团结起来，一致对外。比如，当北极狐、北极熊等不怀好意的肉食动物靠近时，北极燕鸥就会群起而攻之，啄得它们落荒而逃。就算是人类，也一样会被它们驱赶。

独特的求偶方式

繁殖季节开始时，雄燕鸥会在天空盘旋，向雌燕鸥展示自己，同时它们嘴里还会衔一条刚捕捉到的小鱼，以此吸引雌燕鸥。雄燕鸥把礼物献给对它有意的雌燕鸥后，它们今后就会生活在一起了。

迷惑战术

北极燕鸥的巢往往非常简单，有的就是在沙地里挖了个小坑，稍微复杂一点的也就是铺上一点树枝或杂草。北极燕鸥的卵不大，上面有许多斑纹，看起来跟周围的砂砾几乎一模一样。这样，即使有时候北极狐等天敌靠得很近，也会被迷惑，不会发现这些卵。

合力抚养

大部分雌燕鸥产下卵后，就会全心全意孵卵，这时雄燕鸥就要每天不停地往返于捕食的场所和繁殖地之间，为雌燕鸥带回美味的鱼虾。等小燕鸥孵出以后，雌雄燕鸥就会轮流外出觅食，为小燕鸥带回食物。为了能和父母一起迁徙，小燕鸥必须在一个多月的时间里成长起来。

拦路抢劫

北极燕鸥是公认的捕鱼高手，但有时也难免失手，于是它们时不时会做一次拦路抢劫的"买卖"。当它们看到叼着小鱼的其他鸟儿时，会突然冲过去发起攻击，吓得对方放开猎物落荒而逃，它们就趁机叼着猎物离开了。

家燕

家燕喜欢栖息在人类居住的地方，它们在北半球除了北极以外的广阔地域繁殖，在南半球除了澳大利亚和北非的干旱地区外过冬，也有一部分在南亚、东南亚等地区过冬。通常冬季过后，天气一变暖，就有家燕开始返回，在房前屋后筑巢下蛋，繁衍后代。

眷恋旧巢

家燕的繁殖地非常固定，它们会年复一年地返回同一片地方繁殖。而且，老燕子还会回到原来居住的旧巢生活。至于那些新成长起来的燕子则会寻觅自己的伴侣，然后搭建新的鸟巢并生儿育女。

飞行能手

燕子有高超的飞行技术，飞得很快，转弯也很灵活，这与它们的体型有关。燕子的身体细长而轻巧，翅膀又窄又长，每秒可以扇动 20 次。它们还有剪刀形状的尾巴，而且是流线型的，便于增加飞行速度和保持平衡，所以有时来个急转弯也没有问题。

与人为伴

很多鸟都惧怕人类，筑巢也要尽量选择远离人类的地方，可家燕却偏偏喜欢在屋檐下筑巢，与人类友好相处，这是为什么呢？原来，家燕外形俊美，又是益鸟，很受人们喜欢，还将它们的到来视为一种福气，从不打扰它们的生活，于是家燕就将人类视为朋友了。而且，家燕将巢建在人类生活的地方，还可以远离蛇、鹰等天敌的威胁。

雨前低飞

古人通过日常生活中的观察，发现家燕低飞时，往往很快就要下雨。原来，下雨前空气中的湿度会变大，许多昆虫的翅膀也会被沾湿，因此飞得很低。这时，以昆虫为食的家燕也会贴近地面附近飞行，这样就可以捕捉到大量食物了。

麻雀抢窝

有时，趁着家燕飞到南方去过冬了，一些麻雀会抢占它们的窝。等到家燕从南方飞回来时，发现窝已经被麻雀占了，会非常愤怒地向麻雀发起进攻。如果实在赶不走麻雀，它们大多数时候也只能无可奈何地放弃，然后重新选地方搭建新巢。

不怕触电

家燕经常成群结队地站在电线上，虽然电线是带电的，但家燕却一点事都没有，这是怎么回事呢？原来，只有当电流通过身体时才会触电。要想有电流通过，必须同时接触火线和零线或者火线和地线才行。燕子只站在一根火线上，所以身体里没有电流通过，就不会触电了。

《钱塘湖春行》

【唐】白居易

孤山寺北贾亭西，水面初平云脚低。
几处早莺争暖树，谁家新燕啄春泥。
乱花渐欲迷人眼，浅草才能没马蹄。
最爱湖东行不足，绿杨阴里白沙堤。

欧洲白鹳

白鹳是德国的国鸟，在欧洲非常有名，常在屋顶或烟囱上筑巢。它们性情温顺，经常安静地单独或成对漫步在水塘岸边或开阔的沼泽草地上，边走边啄食。每年春夏，白鹳在欧洲南部、中部和东部都较为常见，但是到了冬天，它们中的大多数就会飞到撒哈拉以南的非洲去过冬。

"送子鹳"

欧洲传说白鹳是人类婴儿的运送者，千百年来它们在欧洲都受到人们的欢迎。所以，当一个孩子问父母自己是从哪里来的时候，欧洲的父母很可能会说："你是送子鹳（白鹳）从烟囱里扔下来的。"

喜欢烟囱

每年春天，欧洲白鹳会从遥远的非洲南部飞回欧洲。它们喜欢把巢筑在居民屋顶的烟囱口，因为那里温度较高，比较舒适。由于欧洲白鹳有"送子鹳"的大名，所以人们总是在屋顶的烟囱附近搭一个平台，吸引它们来筑巢。

巨大的鸟巢

欧洲白鹳的巢一般由雌雄白鹳共同建造。通常，雄白鹳负责外出寻找和运送材料，雌白鹳负责建巢。欧洲白鹳的巢结构较为庞大，如果没受干扰和破坏，它们会在来年继续使用，但每年都会对旧巢进行修理和加高。因此，随着利用年限的增加，它们的巢就会变得越来越庞大。据说，有的巢直径有1米，深2米，重量达到500千克。

绕过地中海

欧洲白鹳在迁徙过程中喜欢在白天温度高时飞行，因为这时热气流最强，它们可以利用热气流滑翔飞行，从而节省体力。由于海洋上难以形成热气流，所以欧洲白鹳会绕过地中海，沿着两条迁徙通道往来非洲。一条是在西边从直布罗陀海峡穿过，另一条是在东边经过土耳其绕到非洲，再沿着尼罗河飞往南方。

喜欢"打嘴"

欧洲白鹳大多不会出声，就像哑巴一样。不过，它们却喜欢"打嘴"，也就是急速拍打上下喙，发出"嗒嗒嗒"的声音。当遇到威胁时，或者是在求偶时，或者是遇到其他兴奋的事情时，它们都会不由自主地"打嘴"，非常有趣。

睡觉绝技

欧洲白鹳休息时，常以单腿站立在水边的沙地或草地上，将喙插入前颈下面的羽毛中，颈部蜷缩成"S"形，就这样以令人惊叹的稳定状态进入梦乡。

繁殖后代

多数欧洲白鹳会在4月下蛋。当产下第一个蛋后，有的雌白鹳和雄白鹳会非常兴奋。它们会仔细检查卵，然后"打嘴"，表现出内心的激动。雌白鹳和雄白鹳会轮流孵蛋，经过大约一个月，就会孵出小白鹳了。虽然欧洲白鹳的喙是红色的，但刚孵出来的小白鹳的喙却是黑色的。

美洲鹤

美洲鹤是北美洲个子最高的鸟类，平均身高约1.5米，全身雪白，身姿优雅，很受人们喜爱。每年秋季，美洲鹤会飞到美国靠近墨西哥湾海岸的阿兰萨斯国家野生动物保护区，在盐泽地及淡水湖里越冬，春季再飞回加拿大北部的伍德布法罗国家公园繁殖。

科学家"偷蛋"

为了保护美洲鹤，繁衍其种群，科学家想尽了办法。美洲鹤是一夫一妻制动物，雌鹤在繁殖期可以下1～3个蛋，但只有前一个蛋丢失后，它才会再下一个。于是，科学家就将雌鹤下的第一个蛋"偷走"，将其人工孵化后交给沙丘鹤抚养。但是，被沙丘鹤养大的美洲鹤居然把自己当成了沙丘鹤，因此无法和其他美洲鹤配对。

美洲鹤的假妈妈

为了繁衍美洲鹤，科学家只好亲自抚养小美洲鹤，成为它们的假妈妈。在抚养小美洲鹤时，科学家穿上白色的罩衣，遮住自己的脸，戴着特制的鸟头手套，同时播放鹤鸣录音，模仿成年美洲鹤的动作教导小美洲鹤进食、跑步等，陪伴着它们长大，直到变成雪白的成鸟。

跟着飞机飞

科学家希望在美国东部建立新的美洲鹤迁徙种群。于是，当小美洲鹤长到六周大时，科学家就将它们带到威斯康星州，然后用超轻型飞机引领雏鸟前进并学习飞行。等它们变成成鸟后，面临第一次迁徙时，科学家再用超轻型飞机带领它们飞往佛罗里达的繁殖地过冬。这种方式一直持续了很多年，直到有足够多的美洲鹤记住了迁徙路线才停止。

嘹亮的叫声

美洲鹤的鸣管很长，在胸腔里盘绕了好几圈，比自己的身体还要长，所以它发出的叫声特别嘹亮，能轻易传到数千米之外，因此有高鸣鹤之称。

好像是妈妈的声音。

确实是.

愿你一路走好!

美洲鹤的"追悼会"

有时，由于疾病或者意外，有的美洲鹤会死在野外。当美洲鹤发现同类的尸体时，它们会久久地在上空盘旋徘徊。随后，首领就会带着在场的所有美洲鹤降落到地面，围绕着尸体转圈，悲伤地"瞻仰"死者的遗容，就像在开"追悼会"一样。

求偶

美洲鹤的求偶行为有点奇特，它们会不停地鸣叫、鼓翼、点头，还会时不时弹跳起来，扇动宽阔的羽翼，为赢得异性的青睐而欢快地跳舞。

亲爱的，我跳得怎么样?

强盗!

蛋呢?

提防小偷

在美洲鹤的栖息地，虽然人类的行为受到限制，但一些鸟、狼、熊等捕食者却会对它们造成威胁。因此，美洲鹤非常警惕，会时常观察周围的情况。有时，狡猾的渡鸦会凿开美洲鹤的蛋壳，叼着幼雏的腿偷走蛋。

奇趣动物联盟

★

认证

迁徙动物指导师

编号：_____

姓名：_____

发证日期：_____

　　动物们在迁徙的过程中会遇到各种各样的危险，它们克服重重困难，完成了迁徙的壮举。我们在生活和学习中，也会遇到困难，只要认准目标，寻求解决问题的办法，那么成功一定不会太遥远。